AF313487

ALGÉRIE.

CULTURES INDUSTRIELLES.

INSTRUCTIONS

SUR LA

CULTURE DU TABAC

Par M. Duranton

CHEF DE LA MISSION DES TABACS EN ALGÉRIE.

BIBLIOTHÈQUE NATIONALE
R. F.

BONE

IMPRIMERIE DE DAGAND.

1851.

INSTRUCTIONS

SUR LA

CULTURE DU TABAC.

SEMIS.

Il est un principe que tout le monde proclame comme vrai
et qui ne l'est que jusqu'à un certain point, j'oserai même
dire qu'il ne l'est pas du tout; car il n'est presque jamais appli-
qué en culture sans qu'il en résulte de sérieux mécomptes :
c'est celui qui veut que les plantes élevées en pépinière le
soient d'une manière rustique, afin qu'elles deviennent plus
robustes et supportent plus facilement la transplantation. Le
raisonnement ne peut rien contre une telle théorie qui résiste
à toute espèce d'argumentation, mais il en est de celle-ci
comme de toutes les autres que l'agriculture spéculative édifie
à grand renfort de phrases sonnantes ; elle ne tient nul compte
des faits, pas même des faits naturels qui devraient être les

seuls guides de ceux qui étudient ces matières. Quand on veut appliquer en Afrique ces principes à la culture du tabac, on oublie que c'est pendant l'hiver qu'il faut élever ces semis, afin d'être en mesure de profiter des premiers beaux jours du printemps pour effectuer les plantations qui ne pourraient prospérer sous notre climat, si l'on en différait le repiquage jusqu'à une époque trop voisine de celle où les pluies cessent tout-à-coup pour faire place à une sécheresse continuelle, pendant laquelle tout languit et se meurt.

Or, pendant tout l'hiver, en Afrique, la terre reste verte il est vrai, mais est-ce à dire pour cela qu'elle soit féconde et qu'elle puisse produire d'elle-même? Et les pluies torrentielles qui l'inondent, les vents secs et violents qui la tourmentent n'engourdissent-ils pas toutes ses facultés végétatives?

Il est donc infiniment essentiel de se tenir en garde contre les entraînements produits par une trop grande confiance dans la fertilité du sol de l'Algérie, et de ne point perdre de vue que cette terre et ce climat ne produisent rien sans travail et sans précautions.

Dans la plupart des départements de France où l'on cultive le tabac, les planteurs élèvent leurs semis sur couche et sous châssis vitrés : c'est le moyen le plus sûr; il est presque infaillible ; mais dans ces départements on a à redouter les gelées dont les rigueurs ne peuvent nous atteindre. Dans quelques autres, on élève les semis en pleine terre, et l'on se borne à les entourer de quelques précautions qui les garantissent grossièrement des mauvaises influences atmosphériques: mais, dans ces pays, les semis ne sont faits que vers la fin de l'hiver, du 15 février au 15 mars, et le retard qui en résulte pour le repiquage ne peut avoir les mêmes inconvénients qu'il aurait pour nous, parce qu'en France il pleut dans toutes les saisons, et une plantation tardive ne court jamais le risque d'avorter.

Notre situation exceptionnelle et particulière nous permet,

par conséquent, d'adopter un système intermédiaire entre ces deux procédés si différents; nous ne ferons pas des semis sur couche parce que l'acquisition des châssis vitrés serait beaucoup trop onéreuse pour la plupart des colons, et que, d'ailleurs, l'absence des gelées nous autorise à renoncer à ces précautions extrêmes; mais nous ne ferons pas non plus nos semis en plein champ, parce qu'ils seraient trop exposés aux mauvais temps, et que, d'un autre côté, nous venons de dire que nous ne pouvons pas nous permettre de les différer jusqu'au retour de la belle saison.

Nous choisirons, en conséquence, une terre naturellement abritée, par un mur ou par une haie-vive, des vents du N.-O., qui sont ici les plus violents et les plus rigoureux; et, si notre exploitation ne nous offre pas naturellement des abris, nous en créerons de factices à l'aide d'une palissade d'un mètre et demi de hauteur environ, qu'il sera facile partout de construire avec des broussailles, maintenues dans une position verticale par des lattes et des pieux.

Pendant le mois d'octobre, nous ameublirons le plus possible notre terre, à l'aide de plusieurs labours à la bêche, ou bien encore en la disposant en une longue tombe que l'on hachera plusieurs fois à la houe jusqu'à ce que les mottes soient exactement détruites, et que le mélange des fumiers soit bien complet. Il est essentiel toutefois de veiller à ce que les engrais ne soient ni trop abondants ni trop gras, car il faut que la terre d'un semis soit bien plutôt légère que substantielle et forte; un sol argileux et susceptible de faire pâte, de se durcir ou de se fendre ne saurait convenir non plus; il faudrait y renoncer, ou s'efforcer, par des amendements, de le ramener aux conditions indiquées par des additions, en proportion suffisante, de terre sablonneuse, ou mieux de débris de démolitions battus et passés à la claie.

Dès les premiers jours de novembre au plus tard, nous disposerons cette terre en une plate-bande d'un mètre de largeur environ, que nous nous appliquerons à niveler le plus possible; nous la recouvrirons d'une couche de 4 centimètres de terreaux parfaitement consommés, et, après l'avoir laissée se tasser naturellement pendant quatre ou cinq jours, nous lui confierons la semence.

L'égale dispersion des graines sur toute la surface de la terre est une condition de succès très-importante, et, pour la remplir convenablement, voici quel est le moyen le plus en usage et qu'il convient d'employer : pour chaque mètre courant de semis on mêle à un quart de litre environ de poussière bien sèche, de cendre ou de sable, le contenu d'un dé à coudre de graines, et l'on répand ce mélange à la main de la manière la plus exacte possible, en évitant de le jeter de trop haut pour que le vent n'emporte pas la semence. Après cette opération on passe légèrement, sur toute la surface de la couche, les dents d'un râteau en fer, de manière à ne creuser des rayons que d'un centimètre de profondeur environ, et puis, pour maintenir la graine en terre, on la tasse avec le plat de bêche dans toute son étendue.

Le semis ainsi fait, il faut attendre patiemment la germination qui peut n'avoir lieu qu'au bout de 25 à 30 jours, mais qui sera d'autant plus prompte que l'exposition du semis aura été mieux choisie, et que le cultivateur prendra plus de précautions pour le préserver des pluies surabondantes qui pourraient refroidir la terre; car, s'il faut qu'un semis soit toujours frais, il n'en est pas moins indispensable qu'il ne soit jamais saturé d'eau, parce que, dans ce dernier cas, il se serait bientôt formé à la surface une croûte verte et limoneuse que le germe de la plante ne pourrait traverser. Il sera donc très-convenable d'établir au-dessus du semis, et dans toute sa longueur, un léger treillis en gaules ou en roseaux, formant une toiture à angle très-ouvert, et sur lequel on posera des paillassons pendant les mauvais jours.

De cette manière, on maintiendra la terre à une température assez élevée pour que la végétation ne soit pas interrompue, et l'on pourra avoir la certitude d'obtenir des plantes suffisamment développées et précoces pour effectuer le repiquage du 24 février au 15 mars, qui est l'époque la plus favorable à la plantation.

Mais les mauvaises herbes croissent bien vite, comparativement aux plantes que l'on cultive ; il sera donc indispensable de sarcler souvent, et avec soin, car il y a nécessité absolue de débarrasser les tabacs de tout ce qui peut leur faire ombrage et les empêcher de jouir pleinement des actions du soleil. Chaque sarclage sera fait à la main, et chaque opération de ce genre sera précédée d'un premier arrosage qui facilitera l'enlèvement des herbes, de même qu'elle sera suivie d'un second pour retasser la terre que ce travail aura pu soulever.

En indiquant la nécessité d'arroser le semis avant et après les sarclages, le but de cette opération se trouve suffisamment justifié, mais ce n'est pas le seul cas où le semis ait besoin d'être arrosé : cependant, les arrosages ne doivent avoir d'autre but que de restituer au semis la fraîcheur ou l'humidité qu'il aura perdue pendant le jour ; en conséquence, la quantité d'eau à répandre devra toujours être en proportion de la chaleur qu'il aura supportée. Si la surface du semis restait trop longtemps en poussière, les jeunes plantes se déracineraient et seraient promptement desséchées ; si l'on abusait des arrosages, la végétation serait trop hâtée et les tiges étiolées des plantes n'auraient pas assez de consistance pour résister à la transplantation.

Ce sera donc vers *le soir d'un beau jour* que l'on répandra de l'eau sur les semis ; *vers le soir*, parce que si l'on arrosait le matin ou dans le milieu de la journée, le soleil détruirait presque aussitôt les effets de cet arrosage, et le semis ne gagnerait rien à cette opération, qui n'aurait fait que délaver la terre, en précipitant vers les couches inférieures une partie de ses sucs qui tomberaient en pure perte ; vers *le soir d'un beau jour*, car si la journée a été brumeuse ou pluvieuse, le semis n'a point perdu de sa fraîcheur ; il s'est, au contraire, imprégné d'humidité, en absorbant une partie de celle répandue dans l'atmosphère, et, par conséquent, l'arrosage est inutile et ne pourrait avoir que les résultats désavantageux déjà signalés.

L'on ne devra jamais arroser avec de l'eau trop froide ; car si la fraîcheur est utile aux semis, la froidure leur est au plus haut point nuisible. En conséquence, il sera bon d'avoir à sa portée un réservoir toujours plein, et dans lequel l'eau aura eu le temps de perdre sa crudité primitive ; la précaution de jeter au fond de ce réservoir quelques engrais actifs et chauds, tels que le crotin de cheval et la fiente des pigeons, produit toujours de bons résultats, surtout quand les plantes sont déjà levées, et qu'il ne s'agit plus que d'en activer la végétation.

Quand les tabacs auront acquis un certain développement, c'est-à-dire au moment où ils commencent à prendre quatre ou six feuilles, ils ne sera plus suffisant d'enlever du semis les herbes étrangères ; l'on devra aussi éclaircir le semis sur tous les points où l'on remarquera que les plantes sont trop pressées, de manière à ce que chacune de celles qui resteront sur la couche puisse jouir de deux centimètres de terre au moins. Beaucoup de cultivateurs ne se livreront peut-être qu'avec regret à cette opération essentielle, parce qu'ils regarderont bien à tort comme un sacrifice la suppression de toutes les plantes en surnombre ; mais il est un moyen de concilier leurs scrupules mal fondés avec les exigences d'une bonne culture : à cet effet, ils suffira qu'ils établissent avec beaucoup de soin une couche nouvelle, composée de terre bien meuble et de terreaux bien consommés, sur laquelle ils repiqueront en pépinière les plantes surabondantes enlevées du semis ; avec un peu de précautions, c'est-à-dire en arrosant légèrement ces plantes, et en les tenant abritées du soleil et du vent pendant les premiers jours du repiquage , on en assurera sans peine la reprise, et l'on aura , par ce moyen , doublé ses ressources. Nous nous sommes déjà bien étendu sur cette question des semis , et pourtant il nous reste encore bien des choses à indiquer ; mais nous croyons devoir nous arrêter, de peur de devenir obscur à force de détails ; si les graines sont de bonne qualité , c'est-à-dire si elles sont de la dernière récolte ou de l'avant-dernière , et si l'on entoure leur culture de toutes les précautions que nous venons de décrire, nous ne doutons nullement du succès. Nous nous contenterons donc d'ajouter , à titre de renseignements , 1° qu'il est convenable, quand on veut faire une plantation un peu considérable , de jeter la graine en terre à deux ou trois époques différentes , séparées entre elles par huit ou dix jours d'intervalle , parce que la venue par trop simultanée de tout le semis pourrait gêner le cultivateur à l'époque du repiquage ; et 2° qu'il importe de ne point perdre de vue qu'une couche de tabac ne peut pas produire plus de 1,000 à 1,500 plantes par mètre carré , quelque belle que soit sa venue ; de telle sorte que, pour un hectare de terre , il faut indispensablement avoir un semis bien réussi , qui présente une surface de vingt-cinq à trente mètres.

CHOIX ET PRÉPARATION DE LA TERRE.

On cultive le tabac dans un si grand nombre de pays divers, et sous des latitudes si différentes , que l'on peut dire, avec une apparence de raison , que toutes les terres sont bonnes à cette culture ; cependant, il est d'expérience que partout on choisit les meilleures et les mieux exposées, l'Afrique ne peut pas faire exception : il faut donc éviter d'exposer des frais qui tomberaient à peu près en pure perte en plantant des tabacs sur une terre dont la couche végétale ne serait pas profonde et dont le sous-sol de roche ou d'argile ne permettrait pas aux racines de cette plante de s'enfoncer pour y chercher la fraîcheur et la nourriture.

Les terrains riches d'humus, situés en plaine ou sur la pente douce des côteaux, abrités des vents de sud-est ; les terrains substantiels mais légèrement sablonneux ou caillouteux qui s'ameublissent aisément sont ici, comme partout, ceux qui méritent la préférence. Les terrains d'alluvion que l'on trouve presque partout au fond des vallées sont aussi de fort bonne nature, et l'on peut les adopter sans crainte, pourvu qu'ils ne soient pas trop humides, c'est-à-dire pourvu que les eaux y trouvent un écoulement facile et n'y séjournent pas ; car il faut se méfier, même en Algérie, de ces terres constamment imprégnées d'humidité, en apparence si fertiles, et qui ne peuvent produire que des plantes marécageuses, parce que les chaleurs les plus intenses qui les durcissent à la surface n'ont jamais le pouvoir de les réchauffer à l'intérieur. Il faut aussi être en grande défiance contre les terres nouvellement défrichées, quelque bonnes qu'elles puissent être par leur nature et leur exposition, et ne jamais y planter des tabacs dès la première année, parce que l'humus qu'elles contiennent est encore trop acide et a besoin d'être mûri lui-même par l'action du soleil : le procédé de l'écobuage et celui de l'amendement par la chaux seraient peut-être les moyens de fertiliser plus promptement ces terres, mais c'est une question qui se rattache à la culture générale, et dont nous n'avons pas à nous occuper ici. En indiquant que le tabac est une plante à racine pivotante et à chevelu très-abondant, nous faisons suffisamment comprendre, ce nous semble, que la terre qui lui convient est celle que l'on choisit d'habitude pour les cultures avides de sucs nutritifs.

Cela nous conduit à recommander aux colons de l'Algérie qui voudront se livrer à la culture des tabacs de se tenir en garde contre les conseils irréfléchis de ceux qui pensent que la fécondité de la terre d'Afrique n'a pas besoin d'être stimulée ou soutenue par des engrais. Pour la culture spéciale qui nous occupe, nous pouvons leur garantir que jamais ils n'obtiendront, sans fumier, que des tabacs plus ou moins développés, selon que les terres seront plus meubles ou plus fraîches, mais le feuillage flasque et mou sera totalement dépourvu de consistance, d'arôme et d'élasticité qui constituent les qualités les plus précieuses.

Nous leur recommandons, en conséquence, de ne point épargner le fumier à leurs terres. Il est certaines cultures pour lesquelles il est prudent de se maintenir à cet égard dans une juste limite, mais on n'a pas à craindre ici l'exagération de la dépense, car les tabacs ne souffrent jamais pour être plantés dans une terre trop grasse. Il ne faut pas craindre non plus que la terre puisse jamais être trop meuble, car de nombreux et profond labours sont, au contraire, une condition essentielle du succès; ainsi, dès les premiers jours d'automne, il sera convenable de conduire la charrue dans les champs et de défoncer fortement la terre, de manière à ramener à la surface la couche inférieure qui sera fertilisée par les pluies de l'hiver; aussitôt que les mottes seront dissoutes et que les semences des mauvaises herbes contenues dans le sol auront germé, c'est-à-dire vers le mois de janvier, un deuxième labour deviendra nécessaire pour détruire ces germes et pour exposer à l'action de l'air les portions de terrain qui n'auraient pas encore subi les influences atmosphériques, et, enfin, quelques jours avant la plantation, un troisième et bon labour à plat complétera l'ameublissement du sol.

Quant à l'époque de répandre les engrais dans les champs, elle dépend tout à la fois et de la nature de ces engrais et de la nature de la terre; si la terre est naturellement compacte et difficile à diviser, il convient que les engrais soient répandus au premier labour, et, dans ce cas, ils produiront un effet d'autant plus utile qu'ils seront plus entiers et pailleux, parce que, mélangés avec les mottes par l'effort de la charrue, ils les tiendront soulevées, et faciliteront, par là, leur prompte dissolution. Si, au contraire, la terre était moins dure et tenace, et ces engrais plus consommés et pâteux, il serait indifférent de les répandre soit au premier, soit au deuxième labour; mais si la terre était sablonneuse ou légère, il faudrait, de toute nécessité, que les engrais employés fussent parfaitement mûris et consommés presque en terreaux, car sans cela ils auraient pour effet d'altérer cette terre et de la rendre brûlante; il est peu important, dans ce cas, de choisir pour les répandre le premier, le deuxième ou le troisième labour, et cependant il est mieux de choisir le dernier.

PLANTATION ET SOINS DE CULTURE.

Tout ce que nous venons de dire ici relativement au choix, à l'engrais et à l'ameublissement des terres n'a rien de spécial à la culture des tabacs; tous les cultivateurs, une fois prévenus des conditions requises pour assurer le succès, l'auraient fait d'eux-mêmes et sans notre conseil, comme s'il se fût agi de toute autre plante à forte végétation et avide de sucs, comme les colza, les bettes-raves, le maïs, etc.; mais les détails dans lesquels nous devons maintenant entrer appartiennent tout-à-fait à la spécialité qui nous occupe. Ils paraîtront sans doute minutieux, et pourtant nous devons prévenir les colons que nous les indiquons avec conscience, et nous les leur recommandons comme absolument indispensables; car nous n'avons pas l'intention de les pousser à la culture du tabac par l'appât trompeur d'un gain facile. Cette culture, en effet, une des plus riches auxquelles on puisse se livrer en Algérie, est excessivement exigeante de soins assidus, et l'on s'exposerait à des mécomptes certains si l'on négligeait quelques-unes des précautions que nous allons décrire.

Nous ne pouvons pas indiquer d'une manière certaine l'époque de la plantation ou du repiquage ; elle est naturellement subordonnée à la venue lente ou rapide du plant; mais, si l'on a suivi les conseils que nous avons donnés au sujet de la formation et de la culture des semis, nous tenons pour certain qu'elle arrivera du 15 février au 15 mars, ainsi que nous avons eu déjà l'occasion de le dire.

Vers cette époque donc, et lorsque les sujets de la pépinière commenceront à prendre 8 feuilles, quelle que soit l'élévation de la tige, il faudra dresser la terre de la plantation à la herse et la rendre parfaitement plane; si elle est de nature légère, il conviendra même de la tasser à l'aide d'un rouleau, ce sera le moyen de la rendre moins perméable à l'action des chaleurs qui la dessècheraient trop promptement.

Après cette opération préalable, on arrosera abondamment le semis, pour faciliter l'arrachement des plantes, que l'on s'appliquera à enlever de la couche avec une partie de la terre qui les a nourries, et, les ayant déposées avec précaution dans une corbeille, la racine en bas, on les transportera soigneusement sur le champ où doit se faire le repiquage, qui devra être opéré de la manière suivante :

On tendra un cordeau perpendiculairement à la base ou plus grande largeur du champ, et, tout le long de ce cordeau, à la distance régulière de 0,36 centimètres, on piquera les plantes à l'aide d'un piquet pointu, en ayant soin de les enterrer exactement jusqu'au collet, et de veiller à ce que la terre, en tombant dans la cavité formée par le piquet, ne laisse pas d'espace vide à l'intérieur; on arrosera immédiatement à côté de la plante repiquée, avec un demi-litre d'eau environ, et l'on recouvrira, de suite, avec une poignée d'herbes fraîches, pour garantir le sujet de l'action d'un soleil trop ardent.

Après cette première rangée, on transportera le cordeau à une distance de 0,60 centimètres, et l'on continuera le repiquage avec les mêmes précautions ci-dessus indiquées, en ayant soin de placer chaque plante de la ligne nouvelle en regard de l'espace vide laissé entre les plantes de la première, de manière à former le quinconce.

La troisième rangée sera portée à 0,80 centimètres de la deuxième, et la quatrième à 0,60 centimètres de la troisième seulement, et ainsi de suite, de telle sorte que la plantation entière se composera de zones ou planches de 0,60 centimètres de largeur, espacées entre elles par un intervalle de 0,80 centim.

Quelque fastidieuses que soient en général les explications trop circonstanciées, nous sentons cependant le besoin de motiver les renseignements que nous venons de fournir, afin que l'on ne puisse pas croire qu'il soit indifférent de s'y conformer ou de n'en point tenir compte.

Nous avons dit que les rangées doivent être faites dans un sens perpendiculaire à la plus grande largeur du champ, et nous avons eu pour but de faciliter la circulation des ouvriers dans l'intérieur de la plantation, lorsque les tabacs auront acquis un certain degré de développement, et d'éviter que l'on ne soit exposé, pour y pénétrer ou pour en sortir, à traverser ces lignes au risque de briser un grand nombre de feuilles, ou bien de faire un trop grand parcours, qui deviendrait nécessaire si la plantation était faite dans la direction de la plus grande longueur.

Nous aurions pu nous borner aussi à dire que les plantes doivent être espacées de 0,50 à 0,55 centimètres en moyenne ; mais nous avons supposé que bien des cultivateurs inexpérimentés pourraient prendre et suivre à la lettre une indication aussi vague, et faire de leurs plantations un échiquier parfait, formé de carrés ou de losanges de 0,50 à 0,55 centimètres. Or, les feuilles de tabac devant acquérir, dans une bonne terre, une longueur moyenne de 0,60 à 0,70 centimètres, il est facile de comprendre qu'il deviendrait promptement impossible de pénétrer dans une plantation ainsi faite, et de lui donner les soins nombreux qu'il nous reste encore à décrire; nous avons préféré leur indiquer, tout de suite, un moyen pratique qui ménage, pour la circulation, un espace de 0,80 centimètres, et qui, d'ailleurs, est toujours indispensable pour l'introduction de l'air, de la lumière et du soleil, sans lesquels la maturité deviendrait impossible.

D'un autre côté, il faut avoir soin d'enfoncer la plante dans la terre jusqu'au collet; parce que si l'on laissait flotter à la surface du sol la tige encore trop tendre de cette plante, le soleil et le vent l'auraient promptement desséchée. C'est pour éviter ce même inconvénient que nous avons recommandé de combler exactement le trou formé par le plantoir, et de serrer la terre contre la tige.

Enfin, nous avons indiqué d'arroser à côté de la plante, parce que, dans presque toutes les terres, cet arrosage pourrait avoir pour effet de former une croûte dure qui viendrait étrangler le sujet, accident que les cultivateurs ne pourraient prévenir qu'en se livrant à des arrosages trop multipliés, ou bien à une opération plus dispendieuse encore ayant pour but de détruire cette croûte qui s'opposerait à toute espèce de végétation.

Nous n'avons presque pas besoin de prévenir les colons que la reprise de toutes les plantes ne sera pas assurée même par toutes les précautions que nous avons indiquées; les insectes, d'ailleurs, pourront en détruire un nombre plus ou moins considérable dans les premiers jours du repiquage, mais nous devons insister auprès d'eux pour qu'ils n'apportent pas la moindre négligence dans les remplacements, car la venue de celles dont la reprise n'aura pas manqué sera si rapide qu'elle s'opposerait ensuite au développement des remplaçants trop tardifs qui se trouveraient étouffés par elles, et ne pourraient fournir que des produits étiolés et chétifs.

Aussitôt que les premières chaleurs du printemps se feront sentir, les mauvaises herbes pousseront certainement avec abondance dans une terre aussi bien préparée que celle d'une plantation, et ne tarderont pas à couvrir les tabacs qu'elles priveraient promptement de la chaleur du jour, qui leur est nécessaire, et de la fraîcheur des nuits qui ne leur est pas moins utile. Sous ces herbes hautes et touffues, la plante languirait jaunâtre et étiolée; l'opération du sarclage deviendra donc indispensable, et je ne pense pas qu'il soit possible de la faire autrement qu'à la main, à l'aide d'une bêche ou d'une ratissoire qui, en extirpant les plantes parasites, ameublissent en même temps la surface du sol, qui deviendra d'autant plus fécond qu'il sera plus perméable à l'air, aux pluies et aux rosées.

Plus tard, lorsque les plantes de tabac, fortement enracinées, entreront en pleine végétation, et que les tiges commenceront à s'élever de 0,15 à 0,20 centimètres, il deviendra nécessaire de biner et de rechausser les tabacs, en formant tout le long des lignes un billon de terre qui les recouvre jusqu'à la moitié au moins de leur hauteur. Cette opération se fait sans beaucoup de frais à la houe, et l'on ne doit pas craindre de sacrifier, en ce moment, les feuilles les plus basses qui n'ont aucune valeur, et dont l'enfouissement procure, d'ailleurs, l'inestimable avantage d'entretenir la terre fraîche. Si l'on a le bonheur d'opérer ce buttage quelques jours avant les dernières pluies, on peut être certain de faire une récolte abondante; mais alors même que le succès de cette main-d'œuvre ne serait pas assuré par de nouvelles pluies, on n'aurait pas à craindre de voir la végétation s'arrêter, elle progresserait encore, favorisée par la profondeur qu'on aurait procurée, par ce moyen, aux racines de la plante, et par la fraîcheur que ces racines trouveraient encore dans les couches inférieures du sol.

Ce sera , sans doute , un précieux avantage pour les colons que de pouvoir arroser leurs plantations de tabac; mais il ne faut pas s'exagérer l'utilité d'une telle ressource dont on a jusqu'à ce jour abusé au grand détriment de la qualité des produits. Lorsque l'on force , par des irrigations trop abondantes , la végétation des plantes, on obtient des feuilles d'un développement énorme , mais ces feuilles sont mal nourries, la sève qu'elles contiennent n'a aucune consistance , elle s'évapore entièrement à la dessiccation et ne produit point cette huile essentielle , cette substance légèrement résineuse qui assure aux tabacs l'élasticité , l'arôme et la souplesse sans lesquels ils deviennent impropres à toute fabrication; il ne reste plus , pour ainsi dire , de cette végétation luxuriante que des parties ligneuses , raides et cassantes qui n'ont aucune valeur appréciable.

Nous féliciterons donc les colons qui ont des terres irrigables de la position heureuse dans laquelle ils se trouvent, et qui permet à leur culture de tabac de braver, en quelque sorte, les brûlantes chaleurs de l'été, alors même que leurs plantations auraient été plus tardives que celles de leurs voisins; mais nous leur recommandons de n'en user qu'avec prudence et ménagement, de ne donner à la terre, en un mot, que juste l'humidité que l'on désirerait qu'elle reçût du ciel pour éviter les désastres de la sécheresse, et de ne pas oublier surtout que cette humidité devient tout-à-fait nuisible, de même que la pluie serait un véritable danger, à l'époque où la sève des plantes s'élabore pour produire la maturité.

Par ce que nous venons de dire, on conçoit que nous n'approuvons pas le système qui consiste à faire passer la rigole d'irrigation sur la racine même des plantes; il suffit que l'eau destinée à les rafraîchir parvienne jusqu'à elles par infiltration; par conséquent, nous ne changerons pas , pour les plantations arrosées, le mode de repiquage que nous avons indiqué déjà , et nous conseillerons aux planteurs de faire passer les eaux par le petit canal qui se trouvera naturellement pratiqué après le buttage entre les deux rangées qui forment les planches, dans le plus petit intervalle laissé entre les lignes, celui de 60 centimètres.

Quelque temps après que les plantes auront été rechaussées, elles seront dans toute la plénitude de leur force, et ce sera le moment de régler, par l'écimage, le nombre de feuilles qu'il est convenable de leur faire produire. Cette production devra être proportionnée à la vigueur apparente de chaque tige, et le planteur devra se proposer, dans cette opération, d'obtenir des feuilles fines et soyeuses, dont la dessiccation est la plus facile et qui réunissent, d'ailleurs, les qualités les plus recherchées pour la fabrication des cigares et des tabacs à fumer. Pour obtenir ce résultat, il sera convenable de laisser croître autant de feuilles que la tige paraîtra pouvoir en nourrir; mais il ne faut pas non plus exagérer l'application de ce principe et surcharger démesurément les plantes, parce qu'on s'exposerait à ne produire que des tabacs maigres et sans nature, et qui n'auraient ni qualité, ni poids. C'est ordinairement de quinze à vingt bonnes feuilles que l'on peut exiger d'une plante de belle venue; celles d'une moindre apparence pourront en fournir douze ou quinze, et les plus chétives seront encore susceptibles de donner un bon produit, si l'on a la précaution de ne point les surcharger.

On procède à cet écimage en supprimant la sommité des tiges aussitôt que l'on peut reconnaître et compter le nombre de feuilles que l'on veut conserver. Il n'est pas nécessaire pour cela d'attendre que le bouton de fleurs apparaisse, encore moins qu'il soit développé; si l'on différait l'opération jusqu'à cette époque, c'est-à-dire si l'on laissait la plante s'élever à toute sa hauteur pour en retrancher ensuite toute la partie superflue, on conçoit qu'on aurait laissé perdre à produire une longue tige inutile une quantité considérable de sève qui sera mieux employée à nourrir les feuilles qui constituent réellement la récolte. Il arrive d'ailleurs , lorsque l'écimage est trop longtemps différé , que les feuilles supérieures , qui devraient être les plus belles , de même qu'elles sont toujours les meilleures, ne peuvent se développer et grandir, et qu'elles parviennent péniblement à la maturité, parce que la plante est déjà épuisée.

L'écimage étant fait , ainsi que nous l'avons dit, à l'époque où la plante est dans toute la plénitude de sa force , on doit s'attendre à ce que peu de jours après cette opération des jets vigoureux pousseront à l'aisselle de chaque feuille et menaceront d'absorber toute la sève, comme ils l'absorberaient, en effet, si le planteur ne s'empressait de les enlever le plus tôt possible et au plus tard lorsqu'ils auront acquis une longueur de 0^m10 à 0^m12. C'est un travail minutieux, mais nous le recommandons avec instance , parce que si l'on négligeait de le faire avec exactitude chaque fois que le besoin s'en fait sentir , tout le fruit des travaux antérieurs serait perdu ; la récolte n'aurait plus aucune valeur. Nous avons déjà vu quelques cultivateurs qui ont appris à leurs dépens combien est funeste la négligence apportée dans cette opération dont ils avaient cru qu'on leur exagérait l'importance ; c'est pourquoi nous les adjurons tous de ne point se faire d'illusions, et de ne pas croire qu'il soit possible de faire en Afrique la culture du tabac avec moins de précautions et de soins que partout ailleurs; ce serait une déplorable erreur que l'expérience viendrait bientôt dissiper , mais dont les résultats pourraient causer la ruine ou le découragement des colons.

Nous le répéterons donc avec instance , la culture du tabac n'est pas difficile; une année d'expérience suffira seule pour instruire sur ce point les cultivateurs beaucoup mieux que toutes nos instructions écrites ou verbales ; mais chacun a déjà pu ou pourra se rendre compte qu'elle est excessivement exigeante de soins. Tous ceux que nous avons signalés jusqu'ici, tous ceux qu'il nous reste à signaler encore , quelque

circonstanciés et minutieux qu'ils puissent paraitre, sont indispensables, et l'on n'est pas libre de n'en appliquer qu'une
partie.

MATURITÉ, RÉCOLTE, DESSICCATION.

Nous sommes arrivés à cette phase de la culture du tabac
pour laquelle le climat d'Afrique est vraiment admirable : ici,
la maturité est toujours complète , même pour les plantations
les plus tardives , lorsque la sécheresse ne les a pas fait avorter. C'est un avantage que l'on n'a pas en France, où les pluies
d'automne sont froides et précoces , où les gelées viennent
souvent atteindre les récoltes dès le mois de septembre. On
reconnaît la maturité des tabacs à des signes certains qu'il
suffit d'avoir remarqués une seule fois pour être parfaitement
fixé à cet égard , mais que nous allons nous efforcer de décrire. Les feuilles qui, pendant tout le temps de la végétation,
étaient lisses , planes , transparentes , flexibles , d'un vert
clair, affectant une position horizontale , se gaufrent de petites boursoufllures, deviennent plus épaisses et opaques ; leurs
pétioles sont cassantes , leur couleur se rembrunit et se ma-
cule de petites taches jaunâtres, elles inclinent en parasol
leurs pointes vers la terre et se couvrent d'une viscosité très-
odorante lorsque le soleil les frappe.

Quand les tabacs sont parvenus à ce point, l'époque de la
récolte est venue, et voici comment il convient d'y procéder
pour économiser, le plus possible, les frais de main-d'œuvre :
lorsque la chaleur du jour commence à décroître et vers les
trois ou quatre heures de l'après-midi, après avoir exactement
enlevé les bourgeons qui peuvent encore exister à l'aisselle
des feuilles , on coupera ras de terre, avec une faucille, les
plantes que l'on veut récolter , et on les laissera se flétrir

naturellement sur place jusque vers le soir ; à ce moment, et lorsque les feuilles seront devenues parfaitement flexibles, on les transportera, avec précaution, sur des civières, jusqu'au lieu qui doit leur servir de séchoir ; on les déposera soigneusement sur un lit de paille par petits tas formés de cinq ou six tiges au plus, et, dès le lendemain au plus tard, elles seront suspendues pour éviter toute espèce de fermentation dont l'effet serait de rendre les feuilles brunes, d'absorber leur gomme et de leur enlever leur souplesse naturelle.

Dans quelques pays à culture de France et particulièrement dans les départements du nord, il est d'usage de faire subir aux tabacs, après la récolte, une légère fermentation ; mais cette opération, qui exige des soins très-attentifs pour éviter les inconvénients que nous venons de signaler, n'a d'autre but que de donner aux tabacs une maturité factice et d'en assurer la coloration. En Afrique il est parfaitement inutile de recourir à de pareils expédients ; la maturité peut toujours être parfaite, et mieux vaudrait, puisqu'il est facile de l'obtenir, différer la récolte de quelques jours que de se créer, par une cueillette anticipée, des embarras sans nombre et des dangers fort sérieux. Nous insistons donc pour que les plantes soient immédiatement suspendues et mises en dessiccation.

La beauté de notre climat d'Afrique nous affranchit encore d'une dépense énorme, à laquelle sont généralement soumis tous les cultivateurs de France, qui, pour garantir leurs récoltes des influences pernicieuses des pluies et des brouillards, sont obligés d'élever, à grands frais, des constructions spéciales pour la dessiccation des tabacs. Grâce à la limpidité constante de l'air en Algérie, grâce à l'action bienfaisante d'un soleil que pas un nuage ne vient obscurcir avant le mois d'octobre, tout ici peut servir de séchoir : un arbre un peu touffu, une tonnelle en berceau, la galerie d'une maison mauresque, les hangars des fermes, les toitures des maisons, peuvent être indifféremment adaptés à cet usage ; et, dans le cas d'insuffisance de tous ces moyens qui s'offrent partout naturellement et sans frais, un simple gaulis, soutenu par des pieux assez forts et recouvert de quelques broussailles, rendra toujours les mêmes services.

Nous devons cependant faire observer qu'il est indispensable que l'air circule toujours avec une grande liberté dans tous les lieux qui seront choisis pour la dessiccation, et que la lumière y pénètre avec abondance; le soleil lui-même, malgré son ardeur, ne doit pas être considéré comme un obstacle, et les tabacs qui seront séchés sous son action directe seront toujours ceux dont la couleur sera la plus riche et l'odeur la plus douce et pénétrante.

Quand on aura choisi, selon les circonstances et les localités, le lieu destiné à servir de séchoir, on y placera des ficelles espacées entre elles le plus régulièrement possible de 0^m35 à 0^m40 en tous sens; on les laissera pendre naturellement jusqu'à terre, et c'est le long de ces ficelles que les plantes seront fixées par une demi-clef, formée sur le gros bout de la tige, en ayant soin de les étager de manière à ce qu'elles ne forment pas, en se superposant, une masse trop compacte.

Au moyen de ce système si simple et si peu dispendieux, on n'a pas d'autres soins à donner à la dessiccation que de dégarnir les tiges de leurs feuilles, au fur et à mesure qu'elles sont parfaitement sèches, ce qui n'a lieu que lorsque la côte est devenue ligneuse et résiste à la pression de l'ongle. Pour procéder à cette opération on dépend le matin, et pendant que les feuilles sont encore assouplies par les rosées de la nuit, toutes les plantes dont la dessiccation est achevée, on en forme des tas assez volumineux pour que la chaleur du jour ne puisse les saisir et les rendre de nouveau friables, et l'on fait immédiatement le triage par qualités.

A ce sujet nous devons faire observer aux colons que, pour travailler avec méthode, ils doivent considérer comme

les meilleures feuilles celles qui occupent le haut de la tige;
celles du milieu sont de qualité moindre, et celles du bas
sont toujours les plus défectueuses. Il est donc convenable de
commencer par cette séparation préparatoire, après laquelle
on assemble les feuilles de chaque classe, en ayant soin d'as-
sortir les longueurs et les nuances, de manière à donner à
chaque manoque ou poignée un aspect régulier. C'est ici
encore une recommandation qui a une plus haute portée
qu'on ne le pense généralement; car beaucoup de planteurs
l'ont négligée jusqu'à ce jour, et sans compter les difficultés
qui en résultent pour l'acheteur, qui ne peut qu'avec beaucoup
de peine apprécier la valeur d'une marchandise qui présente,
sous un même volume, des qualités diverses, chacun doit
comprendre aussi que ces mélanges déparent les récoltes et
les déprécient considérablement.

Pour éviter les frais de main-d'œuvre et les débris ou
déchets de manutention, qu'il n'est pas moins essentiel de prévenir, nous conseillerons aux colons de botteler leurs tabacs
immédiatement après le triage, en ayant soin de ne donner
aux bottes qu'un faible volume et de veiller à ce que leur
poids n'excède pas vingt à vingt-cinq kilogrammes; elles
seront toujours suffisamment maniables pour qu'on puisse
les retourner fréquemment, afin d'empêcher que la fermentation ne s'établisse dans les tas. C'est, en effet, un danger fort
grave qu'il est de toute nécessité de conjurer. Pour y par-
venir, la première des précautions à prendre c'est de ne
jamais botteler des tabacs qu'ils ne soient parfaitement secs,
et surtout de bien se garder de les soumettre à une humec-
tation quelconque. Des tabacs mal séchés perdraient inévita-
blement, dans les bottes ou dans les piles, leur belle couleur
et la finesse de leur arôme; mais il arriverait pis encore si,
dans le but d'en augmenter le poids ou de leur donner une
souplesse factice, on avait recours à des moyens frauduleux;
la prompte décomposition du feuillage serait la conséquence

inévitable d'une manœuvre aussi maladroite , qui n'est mal-
heureusement que trop souvent pratiquée. Nous avons bien
souvent usé d'indulgence, en pareil cas , envers des planteurs
inexpérimentés , que nous avons pu croire de bonne foi ;
mais un fait de ce genre est tellement grave, que nous serons
forcé à l'avenir de tenir exactement la main à réprimer cet
abus s'il se représente , en refusant d'acheter, pour le compte
de l'état , toutes les récoltes qui en auraient été l'objet.

Quelque longue et circonstanciée que soit cette notice, nous
savons que nous sommes encore bien loin d'avoir prévu tous
les cas qui peuvent se présenter à l'exécution, d'avoir levé
toutes les difficultés qui pourront arrêter ou embarrasser les
planteurs dans un premier essai ; nous sommes bien per-
suadé que ce n'est point avec un livre que l'on peut ensei-
gner une culture quelconque, et encore moins une culture
qui a une spécialité si tranchée que celle des tabacs ; mais les
colons nous trouveront toujours prêt à joindre la pratique
à la théorie ; et chaque fois que notre présence sera jugée
utile sur les plantations ou dans les séchoirs, nous nous
ferons un plaisir et un devoir de nous y transporter. C'est,
en effet , le but essentiel de la mission que M. le ministre de
la guerre nous a confiée, et à laquelle nous sommes entièrement dévoué.

Le chef de la mission des tabacs,

DURANTON.

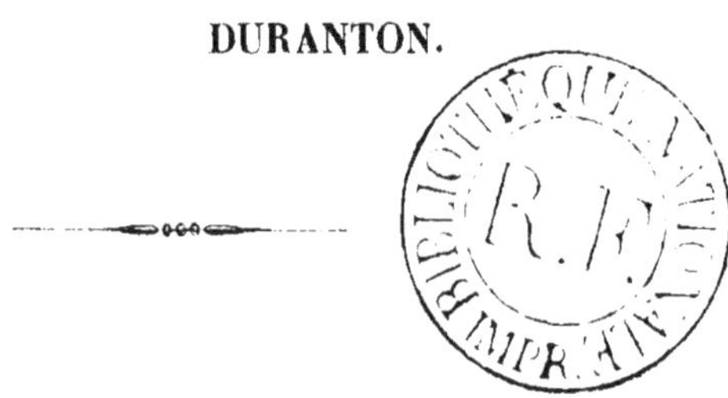

www.ingramcontent.com/pod-product-compliance
Ingram Content Group UK Ltd.
Pitfield, Milton Keynes, MK11 3LW, UK
UKHW031714170726
13836UKWH00001B/213